うさぎ様には

敵わない

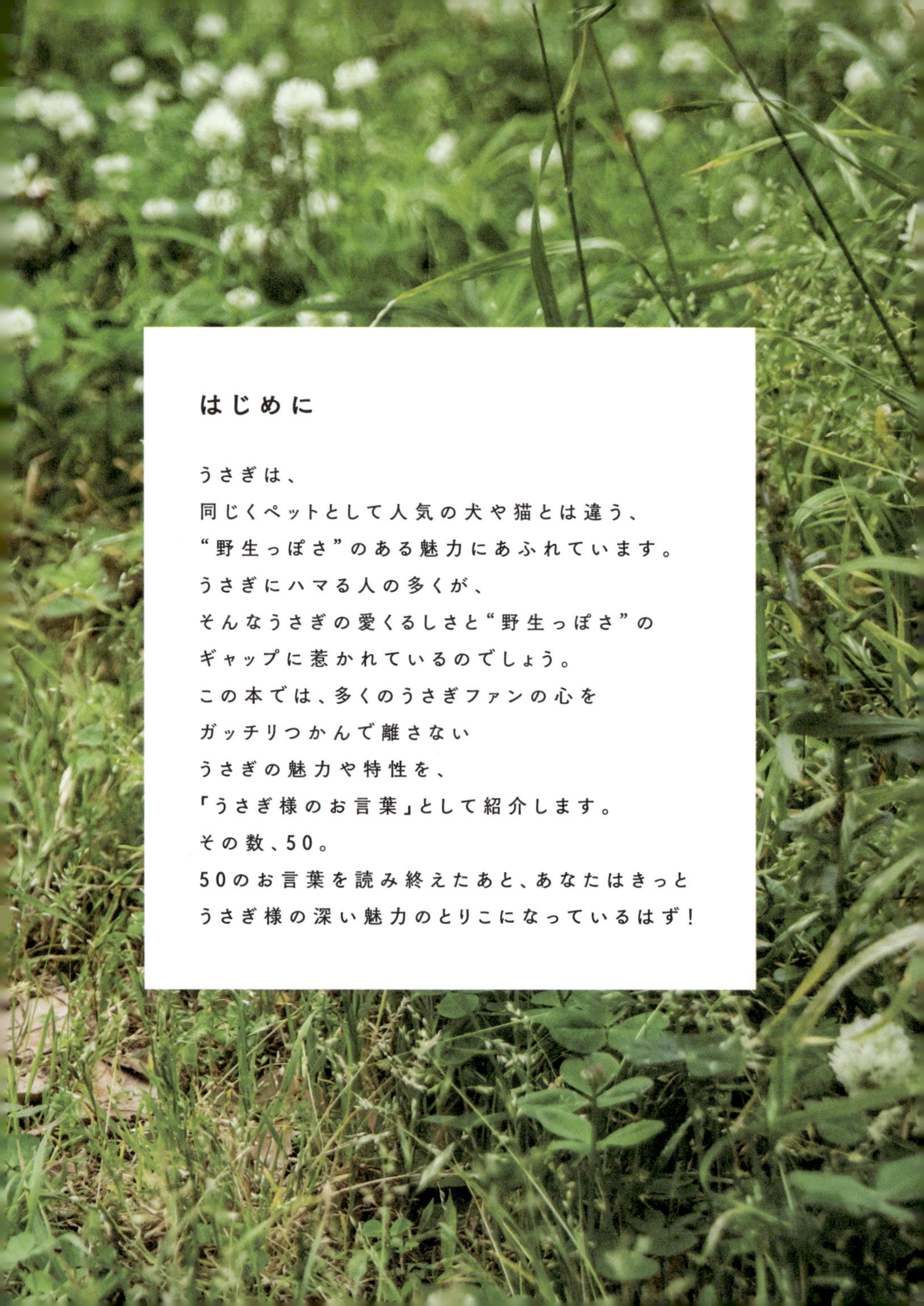

はじめに

うさぎは、
同じくペットとして人気の犬や猫とは違う、
"野生っぽさ"のある魅力にあふれています。
うさぎにハマる人の多くが、
そんなうさぎの愛くるしさと"野生っぽさ"の
ギャップに惹かれているのでしょう。
この本では、多くのうさぎファンの心を
ガッチリつかんで離さない
うさぎの魅力や特性を、
「うさぎ様のお言葉」として紹介します。
その数、50。
50のお言葉を読み終えたあと、あなたはきっと
うさぎ様の深い魅力のとりこになっているはず!

CONTENTS

1章 うさぎ様ってこんな風！

2章 うさぎ様の不思議なあれこれ

3章 これだから うさぎ様には…

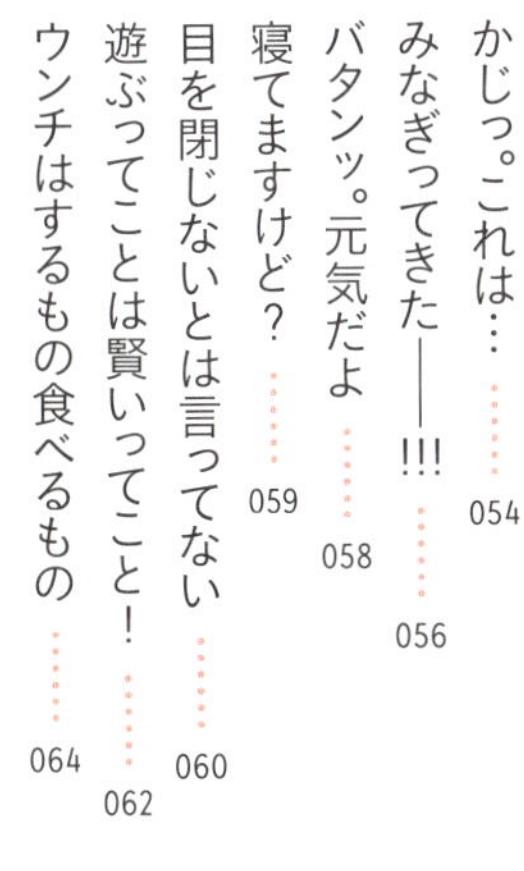

4章

うさぎ様の社交術

1章

うさぎ様ってこんな風！

魅力やルーツ、性格のほか、
“動物としてのうさぎ様”がわかる
12のお言葉をご紹介。

01
うさぎの本質
かわいい？
あなどらないでね

くりっとした目、ふわふわの毛、ちょこんと立った耳、丸いしっぽ。何をしても美しすぎる……否、「かわいすぎる」という形容詞がつく動物、うさぎ。

しかし、ぬいぐるみみたい、なんてあなどることなかれ！　うさぎは、犬や猫よりもずっと「野生らしい」動物なのです。

たとえば犬は約3万年以上前、猫は約1万年近く前から、人間とともに暮らしてきました。それは、長い歳月をかけ、人間とともに過ごせるように順応してきたことと同義です。

しかし、うさぎが〝ペットとして〟人間と暮らすようになったのは、ここ数百年ほどのこと。つまり、**人間との歴史が浅いうさぎには、「野生の心」が非常に強く残っている**のです。

警戒心の高さ、子を産もうとする意志の強さ、気位が高い性格……。これらは、うさぎに残った野生の心の表れ。

うさぎを正しく理解するには、「かわいい顔してじつはワイルド」という、うさぎの〝ギャップ〟をきちんと知っておくことが大切なのです。

リーダーってやつは大変なのさ…

野生のうさぎは、群れをつくって暮らします。**群れはオスのリーダーが統率していて、オス、メスそれぞれ順位が決まっています。**リーダーや順位は、❶力の強さ、❷体の大きさ、❸群れの調整能力、❹勇気、❺社会的知性などの基準で決定されます。

順位が上のうさぎほど、安全な場所に巣穴をつくることができます。さらに、優先的に繁殖権が与えられるため、より優れた子孫を残せるのです。順位を明確に決めることは、群れの中での争いを減らし、平和な生活を送ることにも繋がります。

リーダーの役割は、群れの安全と秩序を守ること。不審者が入って来ないかパトロールし、テリトリーを示します。敵がなわばり内に入ってきたら、戦って排除することも……。

野生のうさぎのリーダーはつねにピリピリしているため、胃に穴が開くこともあります。それでも、うさぎはリーダーになりたいと願うもの。人間社会で暮らすうさぎの場合、**飼い主さんがリーダーとしての力をもっていることを示すと、うさぎが安心して過ごせるようになります。**

頼れる人が
好きなのよ〜

03
うさぎの性格

うさぎだけど猪突猛進

うさぎは「野生の心」が色濃いとお伝えしましたが、その具体例をご紹介します。なんとうさぎは、「○○が食べたい」「○○がしたい」と思ったとき、〝基本的には〝人間を介さないのです！　……と言われても、あまりピンとこないでしょうか？

たとえば犬の場合、「おやつが欲しい」と思ったとき、オスワリしたり、「ク〜ン」と鳴いたりして、人間に対してアプローチをかけますよね。ところがうさ

ぎは、目の前におやつがあれば「ちょうだい」と一直線。芸をしたり、甘えてみたりはしません。**もらえるまで、おやつが見えなくなるまで、全力で「欲しい!!」と訴えるのみ！** そのため、基本的には犬のような指示語トレーニングはできませんが、その**フリーダムさも、うさぎの魅力のひとつ**ですよね。

さて、〝基本的には〟とお伝えしたのは、最近ちょっとした芸をしたり、「マテ」を聞いたりする学習能力の高いうさぎが増えているから。人間のそばで暮らす歴史が長くなるにつれ、そういった「人間を介する」うさぎが増えるかもしれませんね！

うさぎのこと、ちゃんと知ってるの？

ここで、うさぎとは一体どんな動物なのか、簡単におさらいしましょう。そもそもうさぎとは、ウサギ目に属する動物の総称です。ウサギ目は、さらにいくつかの科・属に分かれますが、現在ペットとして飼われているうさぎは、**ウサギ科アナウサギ属のうさぎを品種改良したもの。**具体的には、「ヨーロッパアナウサギ」が元になっています。同じウサギ目のナキウサギやノウサギとくらべると、

大人しい性格をしていて、飼いやすい個体が多かったことが理由だと考えられます。

すべての**飼いうさぎには、アナウサギの習性が色濃く残っています。**たとえば、穴掘りを好んだり、狭いところに入りたがるのは、巣穴で暮らしていたころの名残。8ページでお話ししたように、うさぎは「野生らしさ」が強い動物ですから、日々の生活や行動における習性の影響の大きさは、犬や猫の比ではありません。

うさぎの不思議な習性や本能的な行動については、2章でくわしく解説します。

この狭さが好きなの！

立ち耳だけがうさぎじゃない

うさぎファン以外に「うさぎを描いて」と頼むと、あがってくるのは立ち耳の絵ばかり。「たれ耳うさぎもいるのに！」と抗議したくなっちゃいますね。

ご存じの通り、うさぎにはたくさんの品種がいます。**アナウサギは、人間と暮らすようになるとさまざまな目的に合わせて品種改良されていきました。**当初は食肉用や毛皮用がほとんどでしたが、キュートな姿と社会性のある性格から、徐々にペットとしての需要が高まるようになります。そして、小型化や、見た目の美しさを重視した、さまざまな品種が生まれるに至ったのです。

人気の品種を一部紹介

ドワーフホト

チャームポイントは、真っ白な体と、目のまわりに入った黒いアイライン！ 丸い顔や短い耳は、ネザーに似ています。1984年にARBAに登録。

ジャージーウーリー

ふわりとした毛が優雅な、小型の長毛うさぎ。耳の間に、「ウールキャップ」と呼ばれる飾り毛があるのがポイントです。ARBAには、1988年に登録。

ホーランドロップ

もっとも小さなたれ耳うさぎ！ 丸く大きな顔に、スプーンのような耳が特徴的で、日本では非常に人気のある品種です。1980年にARBAに登録。

ネザーランドドワーフ

コンパクトな体とまんまるの顔、小さな耳がチャームポイント！ 日本ではもっとも人気のある品種です。*ARBAには、1969年に登録。

*ARBA……アメリカン・ラビット・ブリーダーズ・アソシエーション。純血種を守り保つためのラビットクラブとしては、世界最大の規模を誇る。

06
うさぎの
表情
無表情なんて
失礼しちゃう

うさぎは「無表情」といわれることが多い動物です。たしかに表情筋が発達していないので、変化がわかりづらいかもしれませんね。とはいえ、もちろんうさぎにも感情があり、「好き」「うれしい」というポジティブなものから、「嫌い」「いやだ」というネガティブなものまで、さまざまな気持ちを抱きます。

うさぎの感情を知るために見るべきは、〝全身〟です。声や表情による意思伝達ができないぶん、うさぎは全身をフルに使い、仲間や人間に感情を伝えようとしているからです。

ところで、「うさぎは無表情じゃない！」という意見をもつ方も多いはず。興奮して広がる鼻の穴、らんらんと輝く瞳、イライラしたときに座る目……。**こういった細かな表情を読みとれれば、うさぎの気持ちを理解できる**日も近そうです！

07
うさぎの鼻
その音、
鼻息だよ

うさぎから「プウプウ」「ブッ」といった音が聞こえることがあります。「鳴き声かな？」なんて思われがちですが、うさぎは声帯をもたないので、口から音が出ることはありません。これ、じつはうさぎの鼻が鳴っている音なんです。出そうと思って出している音ではなく、**感情によって呼吸の速さや器官の動きに影響が出て、自然と鳴る音**だと考えられています。

　音は感情がダイレクトに反映されます。「ブーッ！」「ブッ！」という音は、不満をもったり、攻撃的になったりしているとき。反対に、「プウプウ」「プスプス」という音は、器官が緩んだときに出るもので、甘えています。「キーッ！」という鋭い高音は、器官が締まっているときに出る音で、ショックを受けたときや、パニックに陥っている状態です。

　ところで、寝ているときに「ピスピス」と音がするのは寝息。頻繁にする場合は、鼻水などにより、鼻が詰まっている可能性が高いです。

よーく耳を
すませてね

NO EAT, NO LIFE.

「水を飲まなくてもいい」「臭い」「ニンジンだけあげればいい」など、うさぎには多くの俗説がありますね。先にあげた3つは誤った情報ですが、**「うさぎは24時間食べないと死んでしまう」**というのは、一見ウソのようで、核心をついた情報です。

うさぎの消化管は、体重の20％をも占める器官です。腸管の長さはなんと8メートルほどで、体長の約10倍。また、盲腸にはバクテリアなどの細菌が生息し、口にした食べものを分解・発酵させて栄養を形成するなど、消化において非常に大きな役割を担います（64ページ）。

うさぎは、栄養が少ないためほかの動物が見向きもしないような植物を主食にしています。なぜそんなものを主食にするかというと、繊維質が豊富だから。**繊維質には、腸のぜん動運動を促進し、消化管をきちんと動かす重要な役割があります。**腸の働きが悪くなると、盲腸内の細菌のバランスがくずれ、毒素が形成されます。毒素が溜まってしまうと、腹痛が起こり、死に至ることも……。この毒素が発生する時間が、腸の動きが止まってから大体24時間後というわけ。飼育書などで、「牧草は24時間食べられるようにしましょう」と書かれているのは、これが大きな理由なのです。

基本は
早寝、早起き

うさぎは夜行性だとかん違いされることがありますが、正確には、**「薄明薄暮性（はくめいはくぼせい）」の動物。**これは、エサを探す（採食）、生殖活動を行うなど、あらゆる活動をおもに明け方（薄明）や夕方（薄暮）の時間帯に行う性質のことで、犬や猫なども同じ性質をもっています。

野生のうさぎの一日はこんな感じ。ワシやタカなど、昼行性の天敵が活動をはじめる前の夜明けとともに巣穴から出て、採食となわばりのパトロールに出かけます。朝のうちに巣穴に戻ると、夕方までは浅い眠りにつき、ときどき巣穴周辺の植物を口にします。日が落ちるころ、再び巣穴から出て採食へ。そして、フクロウやキツネなど、夜行性の天敵が動きだす前に巣穴に戻り、眠りにつくのです。

飼いうさぎも、**基本的には野生のうさぎと同じサイクルで行動**します。なかには、人間に合わせて昼に起きていたり、夜遅くまで寝なかったりするうさぎもいますが、あまりにも不規則な生活はうさぎの体にもよくありません。できるだけ、「薄明薄暮性」の性質に則ったサイクルで生活させてあげるのがよいでしょう。

10
うさぎの
性別
甘えてみたり、
ツンとしたり

個体差や品種による差も大きいですが、うさぎはオスとメスで、性格の傾向に違いがあります。比較してみましょう。

オスは、本能的になわばり意識が強い子が多いです。自分のテリトリーに入って来たよそものに対しては、威嚇したり、攻撃したりすることもあります。また、なわばりを〝外へ〟広げるためにオシッコをまき散らす「スプレー」をする子も。反面、**気を許した相手には甘えんぼうになり、「かまって！」とアピールする子**が多いです。

メスは、子育てのために、巣穴や自分の身を守ろうとします。オスよりも自立心があるため、**ツンとしている子が多く、気が強い一面も。**発情中は母性本能が際立ち、警戒心が強くなるケースが多いよう。体の特徴として、メスのみ首に「肉垂（マフ）」があります。

とはいえ、ツンとした性格のオスや、スプレーをするメスもおり、一概に言いきれるものではありません。あくまで「傾向」だと認識しておきましょう。

気分屋さん？情緒的って言って！

26ページでオスとメスの違いをお話ししましたが、うさぎの性格を知るうえで大事なのは、「うさぎの気分の波を察知すること」。……なんて言うと、うさぎの気分にムラがあるようですが、事実その通りだったりするのです。

うさぎは、**ホルモンのバランスにより、甘えんぼうモードに入ったり、イライラ&排他的モードに入ったり**と、時期によってまるっきり性格が変わったようになることがあります。こういった気分の波は、とくに避妊・去勢をしていないうさぎに顕著ですが、手術済みの子にも、多少は残っています。

甘えんぼうモードのときは思いっきり甘やかして、イライラモードのときは少し放っておく。そんな風に、気分に合った接し方ができると、うさぎとの心の距離がグッと縮まりますよ！

いつもと同じがいちばん幸せ

毎日代わり映えしない牧草やペレットを食べて、一日中グーグー寝て……。人間に当てはめ、「毎日同じような生活で退屈じゃない？」なんて思いがちですが、そんなことはありません。

野生では、うさぎは捕食される立場の動物です。そんな**うさぎにとって、「平和に一日を過ごせる」のは、何よりも幸せ**なこと。「いつもと同じ」は、言いかえると「平穏に過ごせると確約された日」ということでもあります。反対に、**環境の変化にはとても弱いため、「退屈かも……」なんて外に連れ出すと、臆病な子や神経質な子にとっては、大きなストレスになる**可能性が。うさぎが安心できるように、「いつもと同じ」環境を整えるほうが、うさぎとしてはずっと感謝したくなるものです。

いつもと違う野菜をあげるなど、小さなサプライズを用意するだけでも十分ですよ。

うさぎの いろは

うさぎの体や、品種による違いを解説します！

うさぎの体のヒミツ大解剖！

体

被毛

短くてやわらかい「アンダーコート」と、長くて少々固めの「ガードヘア」の2種の毛が生えている。

前足

穴掘りにぴったりの、短くてガッチリしたつくり。肉球がない代わりに厚い毛で覆われていて、これは後ろ足も同じ。前足の指は5本ある。

後ろ足

ジャンプしたり走ったりするために、前足にくらべて長く、筋肉が発達している。後ろ足は指が4本ある。

尾

裏側が白くなっている。尾を立てて白い部分を見せるのは、求愛のしぐさか、敵の目を尾に向けて逃げるため。

顔

耳

左右の耳を別々に動かすことで、360度すべての方向の音をキャッチできる。耳には体温調節をする役割も！

鼻

鼻をヒクヒクと動かして周囲のにおい分子を吸着させ、においを嗅ぎ分ける。1分間に120回動かすこともあるほど。

目

顔の両側にあって、視界は340度！　薄暗い場所でも見えるけれど、立体的なものを見るのはちょっぴり苦手。

ひげ

暗く、狭い穴の中を通るとき、ひげを使って距離を測り、道を探り当てる。

口

歯は一生伸び続ける。食べものは切歯（前歯にあたる）で咬み切り、臼歯（奥歯にあたる）ですりつぶす。

品種による違いはいかほど？

品種の違いを知るとうさぎへの理解が深まる！

ARBAには、2018年現在、49種の品種が登録されています。体のサイズ、毛の長さや質感、性格の傾向などは、品種によってさまざま。もちろん個体差はありますが、品種による傾向を知ることで、うさぎへの理解が深まりますよ。ここでは手はじめに、品種によるサイズの違いを紹介します。下記の表を見比べてみてください。

なお、血統をもたないミックスのうさぎは「ミニウサギ」といいます。ミニと名がついていますが、両親のサイズによってはかなり大きくなることも！

人気品種サイズ比較

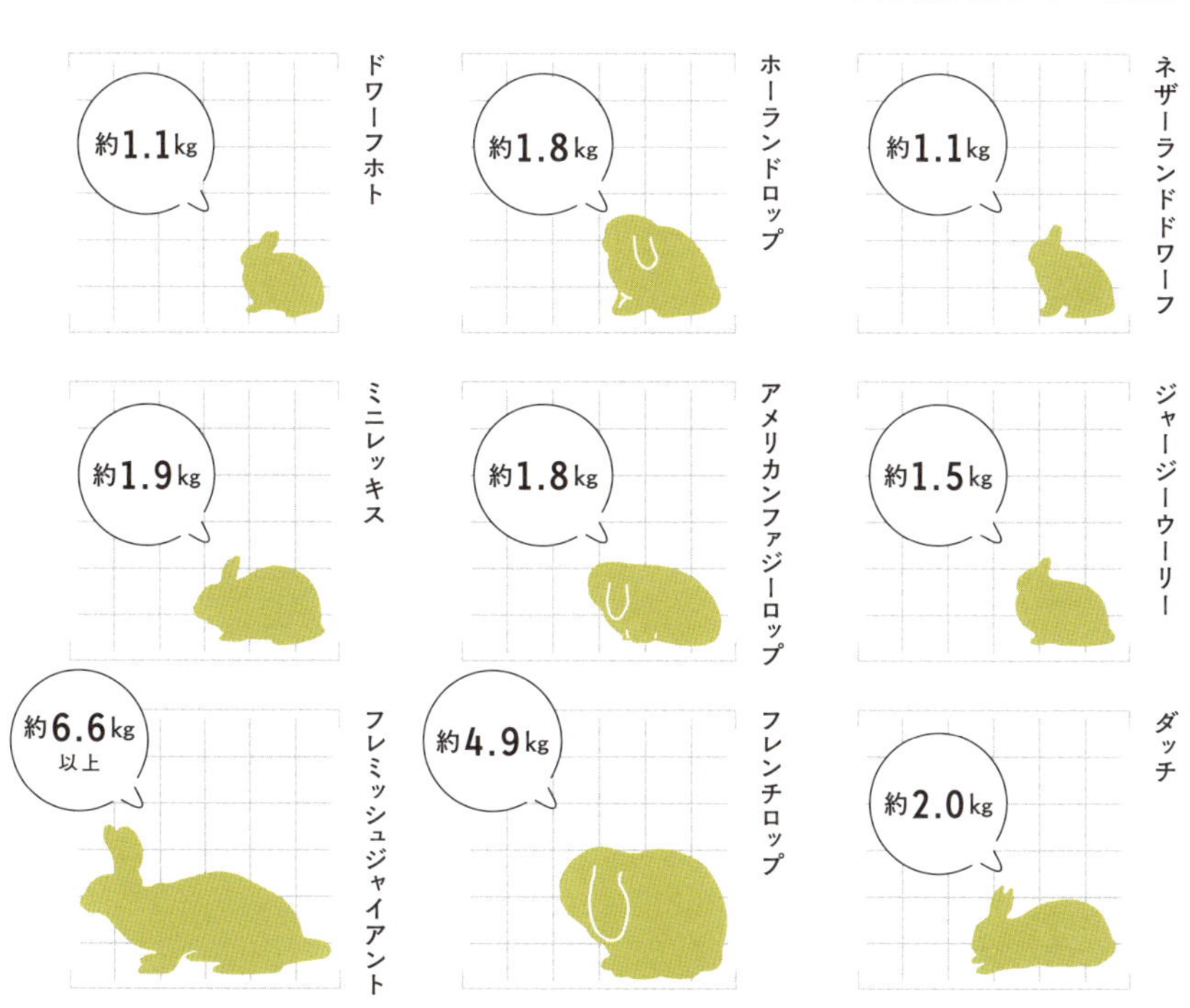

うさぎのココが好き！

うさぎ好きが考えがちなことやついついやってしまう、12の「あるある」を大発表します。

01 やっぱりうさぎらしい〝立ち耳〟でしょ！

うさぎのチャームポイントといえば、ピンと立ったこの長〜い耳！ 音がするほうにクルクルと動く、わかりやすいところがたまりません♡

02 いやいや、たれ耳のかわいさご存じない？

たれ耳も負けないくらいかわいい！ 前後にパタパタ動いて、目を隠しちゃうこともあるんです♪ まあ、たまに子犬に間違われたりしますけど。

03 鼻の「Y」がトレードマーク！

鼻から口もとにかけての「Y」字部分のとりこになってしまう人が続出♡ たまに鼻の穴が開いてハート型になっている子もいますね♪

04 お尻までかわいいなんてどういうことだろう？

まあるいフォルム、ふわっふわの毛、極めつけに、ちょこんとついた、まんまるのしっぽ。全身かわいい奇跡の動物、それがうさぎ！

05 鼻先でツン！なんでもしてあげたくなります

スマホに夢中になっていると、鼻先でツンツン！ その真意は、なでて？ かまって？？ どちらにせよ、そんなアピールをされたら、どんなことでも叶えたくなっちゃいます♪

06 顔をうずめたくなるこのモフモフ

つい顔をうずめて、吸いたくなるモフモフさ。大人しくしてくれるのをいいことに、お尻に顔をうずめちゃう人もいるのでは？ 蹴っ飛ばされることもありますが、顔の傷も勲章ってことで！

07 モグモグ中の口の「むにっ」がたまらない！

食べものをモグモグしているとき、口の下の皮膚が「むにっ」としているのを見ると思わずさわりたくなります♡ 確実にうさぎに怒られますが……。

08 ツンデレ加減が魅力的！

警戒心も我も強いから、ツンツーンとしたうさぎが多いんですよね。だからこそ、自分にしか見せないデレが、最強にかわいいのです♡

09 抜け毛、集めちゃうんです

換毛期になると、大量に抜けるうさぎの毛を、「何かに使えるんじゃない……!?」と集めてしまいます。羊毛フェルトに活用できるってウワサ!?

10 ウンチ、つまめちゃうよね

うさぎのウンチは、固くて小さくて丸っこい。ほとんどが繊維質だから、においも全然しない！ってことで、指で直接つまんじゃう人がけっこう多いんです！

11 足ダンがなんだか愛おしい

後ろ足を踏みならす足ダンも、かわいいうさぎの自己主張だと思うと、なんだか嬉しくなる♡「どちたの一?」って声をかけちゃいますよね。

12 3番手なんて言わせません

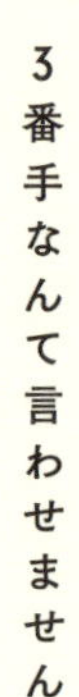

ペットとしての人気は猫や犬に次いで第3位……なんて言われますが、かわいさはどうみたって世界一でしょう！ もちろん、ゆくゆくは人気だって1位を獲りますけどね!!

2章

うさぎ様の不思議なあれこれ

うさぎが見せる、謎の行動の数々。
本能が見せるうさぎの“不思議”を
うさぎ様の18のお言葉とともに紹介します。

13
うさぎの
うたっち
立てばいろいろ
見えるでしょ?

後ろ足で立ち上がり、あたりをキョロキョロ、鼻をヒクヒク。うさぎファンの間で「うたっち」と呼ばれるこの姿勢は、**何か気になることがあって、周囲を見まわしたいときに見られます。**目だけでなく、**耳や鼻を使って、周囲の情報を探ろうとしている**のです。立ち耳うさぎの場合、さらに気になる方向に耳も向けているはず！

しょっちゅう立ち上がるうさぎは、リラックスできていない……わけではなく、好奇心旺盛なタイプなのでしょう。そもそも敵に見つかりたくないとき、うさぎは姿勢を低くして、身を隠すもの。立ち上がっている時点で、周囲に大きな危険はないと認識しているのです。ただし、部屋で過ごしているときに立ち上がり、忙しなくキョロキョロしている場合は、正体不明の音やにおいを感じとってプチパニック中かも！「大丈夫だよ〜」と、やさしく声をかけてあげてくださいね。

とりあえずダン！

後ろ足を「ダン！」と踏みならす、「足ダン（スタンピング）」と呼ばれるしぐさ。見るからに、うさぎが不快な気持ちであることが伝わってくるため、足ダンをされると「ごめんね！」なんてとっさに謝ってしまう方も多いのではないでしょうか。

たしかに**足ダンは、敵を察知したり、怪しい音やにおいがしたときにするしぐさ**です。野生では、足ダンの音を合図に地中のほかのうさぎが逃げることもあり、「警戒を促すしぐさ」とも考えられます。そのため、「よほどの不満を抱えているんだろう」と心配になってしまいますが、じつはこれ、うさぎは無意識にしていることが多く、かならずしも不満を伝えようとしているわけではないのです。

クシャミ、チャイム、クラクションなど、急に大きな音が鳴ったとき、反射的に「ダン！」とする正統派タイプもいれば、遊ぶ前に「やったるぞ～」と景気づけで足を鳴らす子もいます。ケージで「ダン！」としたときに飼い主さんが外に出してくれた経験から、要求を通すために使う頭脳派も！　**足ダンにはいろいろな意味が含まれている**ので、「何か不満なの!?」と慌てなくても大丈夫ですよ。

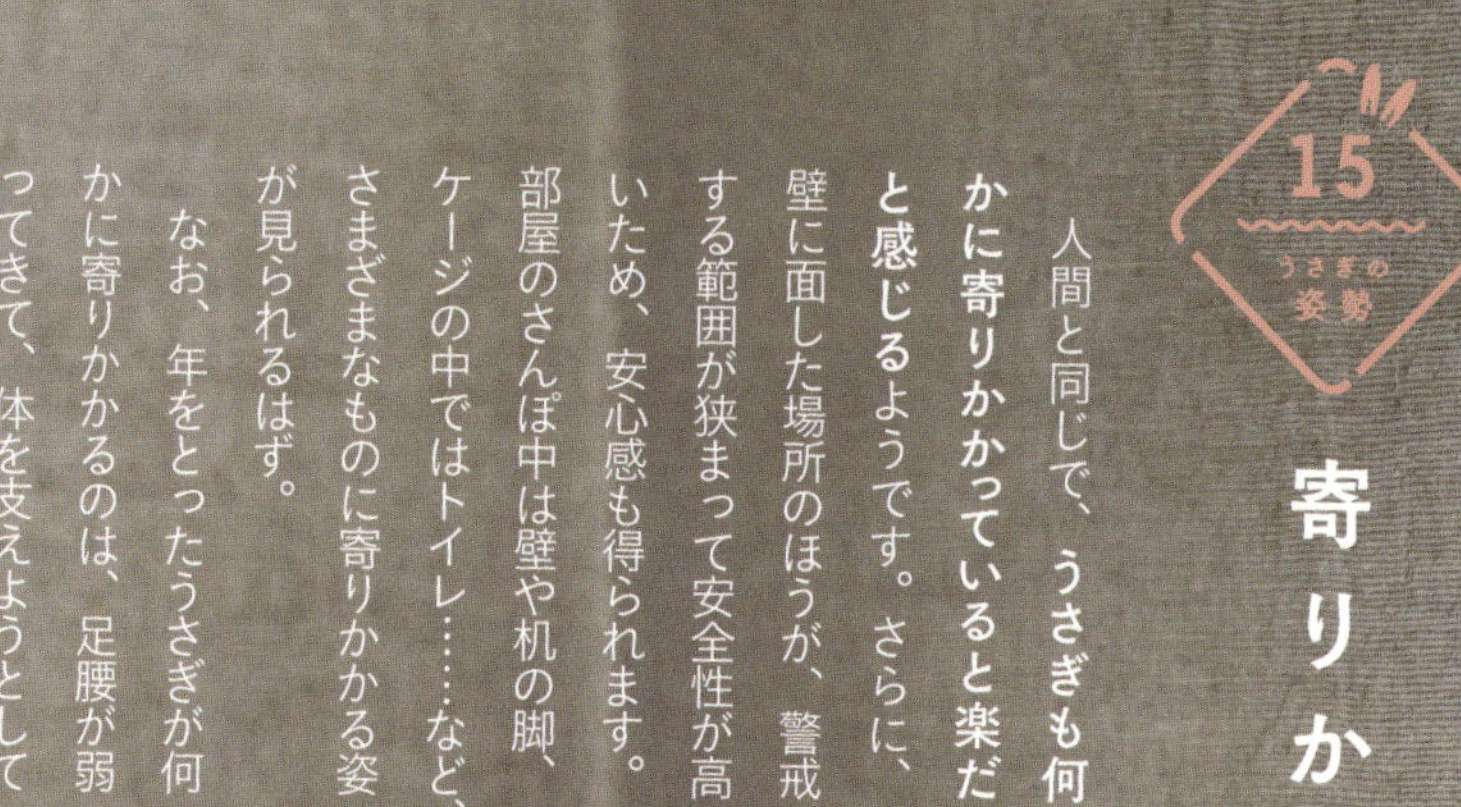

15
うさぎの姿勢

寄りかかりたがり

人間と同じで、**うさぎも何かに寄りかかっていると楽だと感じる**ようです。さらに、壁に面した場所のほうが、警戒する範囲が狭まって安全性が高いため、安心感も得られます。

部屋のさんぽ中は壁や机の脚、ケージの中ではトイレ……など、さまざまなものに寄りかかる姿が見られるはず。

なお、年をとったうさぎが何かに寄りかかるのは、足腰が弱ってきて、体を支えようとしている可能性が高いです。

16
うさぎのしっぽ

フリフリ中はかまわないで

　うさぎのお尻の丸いしっぽ。よく見ると、ときどきフリフリと振っていることがあります。犬に当てはめて「嬉しいの？」なんて思いがちですが、そもそも**うさぎはしっぽで感情を表現する動物ではありません。しっぽを振るのは、うさぎが集中しているサイン。**とくに、においを嗅いで情報収集しているときにしっぽを振ることが多いのです。そのほか、好物を食べているとき、発情しているときなどに振るうさぎもいます。

17
うさぎと
におい
1
まずは
におい嗅ぎから

野生では捕食される立場のうさぎは、つねに感覚をフル稼働させて、まわりの情報を探っています。使っている感覚のうち、もっとも大事なのは「嗅覚」と「聴覚」、次いで「視覚」です。

とくに、**人間の数千倍ともいわれるうさぎの嗅覚は、情報収集のためになくてはならないもの。**においにはいろいろな情報が詰まっているので、うさぎは見慣れないものを見つけると、まずはにおいを嗅いで正体を確かめようとします。においを嗅ぐときは、鼻をヒクヒクと動かすことで、「分子」であるにおいを吸着させ、脳に情報として送ります。つまり、鼻の動きが激しいほど、取りこもうとしている情報量が多いというわけ。見慣れない人がいる、なわばり以外の場所に連れてこられたなどで、周囲への警戒レベルが高い状態なのでしょう。

なお、基本的に起きている間はにおいを嗅ぎ続けるため、鼻もまたヒクヒクと動き続けます。鼻の動きが完全に止まっているときは、うさぎが寝ていると判断してOKですよ。

きれいにしましょ！

「うさぎは臭い」なんて失礼な俗説がありますが、**うさぎの体はほぼ無臭。**むしろ、においがつくと敵に見つかる原因になるので、こまめな毛づくろいで体についたにおいを消そうとするほどきれい好きな動物です。

うさぎの唾液には抗菌・消臭効果があるので、毛づくろいは、全身をていねいになめる方法をとります。直接なめることができない顔や耳は、前足に唾液をつけてゴシゴシ、フキフキ！　なお、耳垢（みみあか）などの分泌物は、すぐになめ取ってしまいます。これは、自分の情報が詰まった分泌物を残すと、敵に判別される危険性が高まるため。

ところで、飼い主さんになでられてうっとりしていたうさぎが、終わった瞬間猛烈な勢いで毛づくろいをはじめることがあります。大好きな人のにおいでも、自分以外のにおいは取り除くのがうさぎの本能。……とはいえ、少々ショックですよね。

においで自己アピール！

人や家具に、あごをスリッ。これは、あごの下にある臭腺をすりつけて**「自分の！」と所有権を主張するためのしぐさ**です。においは薄れてしまうので、毎日同じ場所にあごをすりつけ、上書きすることもあります。

人の体にあごをすりつけて「自分の！」なんて主張されると、「わたしのこと独占したいの？」と舞い上がってしまいますね。ですが、残念ながら「所有権」を示すためだけの行動で、特別な感情はなさそうです。

20
うさぎのアピール 2

オシッコは汚くないの！

あごをすりつけるだけでは足らず、**においをつける手段として、オシッコをまき散らすことがあります。**「スプレー」と呼ばれ、とくにオスのうさぎによく見られる行動です。「嫌がらせ!?」なんて思ってしまいますが、ちょっと待って。うさぎにとってオシッコは汚いものではなく、むしろ自分のにおいを拡散できるすてきなもの。「聖水ですが!?」くらいの気持ちですから、曲解してショックを受けないでくださいね。

21
うさぎの穴掘り

掘りたいから掘る

ペットとして飼われているすべてのうさぎの祖先・アナウサギは、土の中に巣穴をつくって暮らしていました。つまり、うさぎが**穴を掘るのは、生きていくうえで欠かすことのできない、本能的な行動**なのです。

ということで、「掘る」という行動自体に何らかの気持ちが隠れているわけではなく、ただ掘りたくなったから掘っているだけ。やめさせられるものではないので、思う存分掘らせてあげてくださいね。

22
うさぎのスイスイ

気象予報士にも負けないよ！

タオルやカーペットの上で、前足をスイスイ。アイロンがけのようなこのしぐさは、野生のころの名残。巣穴を掘って暮らしていたアナウサギにとって、雨は巣穴崩壊の危機。そこで、雨が降ったときや、降りそうなときには、**水が入ってこないよう、巣穴の入り口を閉じて、踏み固めていた**のです。

雨が降っていないのにこのしぐさが見られるなら、雨が降る予兆かも……!?　ぜひ「うさぎ天気予報」にご注目を！

狭いほどいい！

家具の下やカーテンの裏など、うさぎは狭い場所を好みます。野生のアナウサギは、土の中に掘った巣穴の中で生活していましたから、**狭くて薄暗い場所にいると、本能的に気持ちが落ちつく**のでしょう。反対に、だだっ広い場所は、敵がどこからやってくるかわからず、不安がつのるばかり。部屋の中に隠れることができる場所をつくると、うさぎが喜びますよ。

　ということで、家具の下やちょっとしたすき間に、充電コードや配線を置いている人は、すぐに片づけるか、うさぎが入れないように防御しましょう。うさぎが狭い場所を好むのは本能ですから、「入っちゃダメ！」と言って聞いてくれるものではないからです。

　余談ですが、うさぎにとっての「快適」は、人間とほぼ共通しています。座り心地がよいクッションやベッドは、うさぎにとっても快適な場所。狭い場所と合わせて、うさぎのために用意すると喜ばれるかも！

見たな～

かじっ。これは…

目につくものを、なんでもかじってしまううさぎは多いもの。これも本能的な行動のひとつで、**うさぎはかじることで、ものの固さや材質を確認します。**においを嗅いだりするのと同じ情報収集の一環というわけ。

うさぎがよくかじるもののひとつに、電気コードや紙のふちがあります。これらは、うさぎの歯で簡単に咬み切れ、かつ形の変化が楽しめるため、達成感も得られます。そのため、かじること自体を遊びにしているのかも！　本能的な確認にせよ、遊びにせよ、言ってやめさせるのは難しいので、かじられて困るものはうさぎが届かない場所に移動させましょう。

なお、**ケージをかじるのは、飼い主さんに何かお願いがある可能性大。**ケージをかじると飼い主さんが反応してくれるので、「ケージから出してよ！」「暇！」など、要求を通す手段にしているのかもしれません。

25
うさぎのスイッチ
みなぎってきた―――!!!

急にスイッチが入ったかのように、うさぎが猛ダッシュして止まらないことがあります。これは、**楽しさが振り切れて、ハイテンションな状態！**　頭やお尻を振ったり、ジャンプしながら体をひねったりするのも、楽しさゆえの行動です。

何か嬉しいことがあって猛ダッシュすることもありますが、どちらかというと、単にうさぎがゴキゲンなときに見られる行動です。「楽しいね〜♪」と声をかけて、ハッピーな気持ちを共有することで、うさぎともっと仲よくなれますよ。

ただし、目を見開いて走りまわっているようなら、何か怖いことがあって、パニックを起こしています。このとき、こちらまで慌てると、うさぎの混乱は深まるばかり。どっしり構え、「大丈夫だよ〜」と声をかけて落ちつかせましょう。

ちょっと休憩…

バタンッ。元気だよ

うさぎが急にバタンッと倒れることがあります。なかなか大きな音がするため驚いてしまいますが、当のうさぎは素知らぬ顔……。それもそのはず、うさぎはただ「休憩しよ～」と横になっただけなのです。

うさぎの体の構造上、関節を曲げてゆっくり横になって……ということができないようで、**横になりたいときは勢いよく倒れこむのが普通。**慌てて声をかけたりせず、ゆっくり休ませてあげましょう。

寝てますけど？

「うさぎが全然寝ていないみたいで……」なんて不安がる人がいますが、心配ご無用！　**うさぎは本来、目を開けたまま短い睡眠をくり返す動物。**熟睡することは稀なので、目を開けて寝る＝「きちんと眠れていない」わけではありません。

寝ているかどうか確認するポイントは、目ではなく鼻。起きているとき、鼻はヒクヒク動くもの（44ページ）ですから、ピタッと止まっているときは、睡眠中だと判断できるのです。

目を閉じないとは言ってない

目を開けたまま眠るのが当たり前のうさぎですが、とはいえ、目を閉じて眠らないわけではありません。**おうちに慣れた子、大らかな性格の子の場合、**目をしっかりつぶって横になり、お腹をどーんと見せ、**どう考えても野生では生きていけないような姿で眠る子もいます。**

なかには、若いときは目を開けて寝ていたけど、シニアの年齢になって、はじめて目を閉じて眠るようになった、といううさぎも！

ところで、目を閉じたまま寝ているうさぎがいる……と聞くと、「うちのうさぎは目を開けたまま寝ているけど、リラックスできていないの？」と不安になる人がいます。ですが、そもそもうさぎは目を開けて眠る動物ですから、気にする必要はなし！　性格的に絶対お腹を見せて寝たくないという子もいます。そもそも、**本当にリラックスできていないなら、うさぎは寝ない**ものなのです。

29
うさぎの
遊び

遊ぶってことは賢いってこと！

人間にとって、遊びは生活を充実させるために、なくてはならないもの。ですが野生のうさぎの場合、巣穴を掘り、エサを探し、なわばりをパトロールしながら、さらに敵を警戒して情報収集しなければなりません。起きている間は暇な時間がまったくないため、遊ぶなんて考えられないのです。

しかし、飼いうさぎの場合、食事も巣穴（ケージ）も飼い主さんが用意してくれます。また、パトロールも最小限でOKですし、敵を警戒する必要もありません。つまり、とっても暇！　遊べる余裕が出てきます。

うさぎは遊びながらいろいろなことを知っていきます。そんな風に、**遊びを通して人間と暮らすうえで必要なルールを学べるのは、高度な知能をもつしるし！**　ものをくわえて走りまわったり、輪をくぐったり……。そんな風にうさぎが遊ぶ様子が見られたら、「すごいね〜っ！」と声をかけてみてください。あなたに褒められたことに喜んで、さらに遊びを楽しんでくれますよ。

ウンチはするもの食べるもの

うさぎが、お尻に口をつけて、もぞもぞしていることがあります。これは、**「食糞」と呼ばれ、うさぎの健康のためには欠かせない行動**です。

そもそもうさぎのウンチは、固くてコロコロ丸い「硬便」と、やわらかくブドウのように連なった「盲腸便」の2種類に分かれています。うさぎが口にするのは、「盲腸便」のほうです。

うさぎの消化管（22ページ）でもふれましたが、盲腸の働きについて、もう少しくわしく説明しましょう。口にした食べものは、胃に達すると消化液と混ざります。そして、小腸に移動し、繊維質以外のほとんどが、ここで消化吸収されます。

小腸を通過した食物のかたまりは、一度盲腸を経由し、大腸へ移動します。このとき、粗い繊維質は大腸へ向かい、硬便として肛門から排せつされますが、小さな粒子の食物や液体は盲腸へ戻され、盲腸内に生息するバクテリアによって、分解→発酵が行われます。すると、たんぱく質やビタミンが豊富な「盲腸便」ができあがるのです。再度大腸へ送られ、排泄されたこの**「盲腸便」を口にすることで、うさぎは植物からでも、豊富な栄養を得られる**のです。

「ウンチは汚い」なんて、ひとくくりにしては失礼ですね。

うさぎの便の見分け方

盲腸便

やわらかく、2〜3㎝のブドウの房状をしており、まわりは緑色の粘膜で覆われている。硬便にくらべ、少しにおいがある。

硬便

コロコロ丸く、硬い。繊維質が目に見える。0.5㎝ないほど小さかったり、毛が大量に混じっている場合は、動物病院を受診して。

うさ飼いさんのうちの子自慢！

なぜ、うさぎと暮らすの？
うさぎの魅力ってなんなのさ！
うさ飼いさんに、愛情たっぷりに
お答えいただきました♪

2 小梅ちゃん

1 もちすけくん マロンちゃん

3 ふぇんちゃん

3

お迎えするとき、「うさぎは甘やかしすぎると、手がつけられないワガママな子に育つので、ときには厳しく接してください」とお店の人に言われました。そしてその言葉通り、今ではすっかりワガママ娘に成長しました。決して人に媚びようとしない高貴さ、絶対に自分を曲げようとしない頑固さが愛おしいです。

ふぇんパパさん

2

好奇心旺盛で自由奔放な**小梅**は、繊細といわれるネザーらしからぬ性格をしています。うさんぽに行くと走りまわって、ついて行くのが大変！　でも、外でも眠くなると抱っこで寝ちゃうんです（笑）。困っているのは、わたしのベッドでおしっこしちゃうクセがあること。でも、天使のような寝顔を見ると何でも許せてしまいます。

小梅ままさん

1

甘えん坊な**まっちゃん**と、びびりん坊な**もっち**。正反対なふたりですが、毎日いっしょに寝たり、ペロペロし合ったり、野菜を奪い合ったりしながら、仲よく過ごしています。警戒心をすっかり忘れている**まっちゃん**もかわいいけど、まだまだ警戒心だらけの**もっち**も新鮮でかわいい！　とにかく全部かわいいってことで（笑）。

hiromiさん

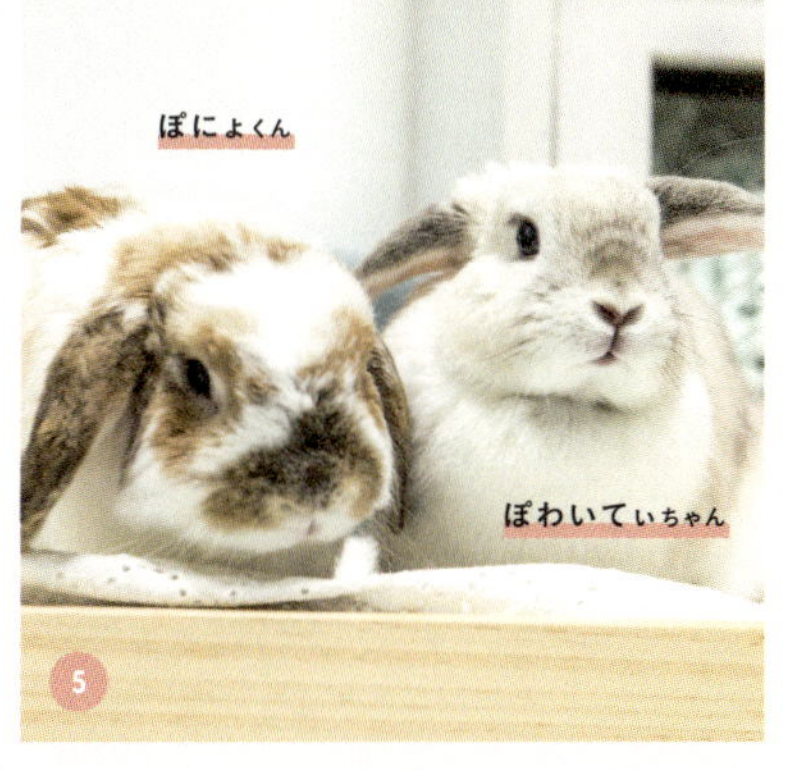

7

こはるは、とにかく感情表現が豊か。とくに、怒るときは容赦ありません。ブゥブゥ鼻を鳴らし、うさパンチをくり出すこともしばしば……(笑)。でも、ちっちゃな体で精一杯気持ちを伝えてくれることがとても嬉しいし、そんな**こはる**が寄りそってきたり、側でぐっすり眠る姿は本当にかわいくて、癒し100%です。

koharupyonさん

6

好奇心旺盛で人なつっこい性格の**とろ**は、遊びにきてくれた人のひざの上に乗ったり、まわりをくるくると走ったり大忙し♪　食べたり、遊んだり、寝ていたり、お客さん相手にハッスルしたり……。そうやって日々を過ごす**とろ**の姿をとなりで見られることが、わたしにとって何よりの幸せだと思っています♡

やよいさん

5

末っ子の**ぽわいてぃ**は、我が家ではじめての女の子としてお迎えしました。飼い主&9歳になる先住うさぎの**ぽにょ殿**から、かわいいかわいいと甘やかされて育てられ、すっかりワガママ姫に（笑）。**ぽにょ殿**にしか心を許さず、飼い主には冷たいそぶりですが、そんなツンデレさがまた魅力的でかわいいです！

まぴんこさん

4

モキュの自慢は、おしっこをケージの外でしないこと！そのぶん慎重な性格で、警戒心も強いです。**モキュ**も9歳になり、なでなでを催促したり、目をつむる&お腹を出して寝たりと、無防備な姿を見せてくれるようになりました。うさぎはやはり、年月をかけて仲よくなるペットだなぁ、と実感しています。

Tomoko Imaiさん

8

多頭飼いが難しいといわれるうさぎですが、**ナシケイ**はいつもピタッとひっついて、まるで夫婦のよう。しょっちゅうお互いを毛づくろいし合っています。でもそのせいで、片方が換毛期になるともう一方もいっしょに具合が悪くなります……。仲よしなふたりならではの悩みかと思いますが、心配は絶えません（笑）。

shinoさん

9

お迎え前の長毛のイメージは、「大人しくて優雅」。ところが、見た目に反して「活発でいたずら好きでツンデレ」というギャップにやられ、すっかりジャージーウーリーマニアになりました。パパ・**ヒビキ**と、ママ・**りあん**に、息子・**るっか**という、ジャージーファミリーのお世話係として、日々楽しく奮闘しています（笑）。

やまもんさん

10

へやんぽ中にわたしの髪を引っぱりに来る、かまってちゃんな**まり坊**と、ひとり遊びが好きでマイペースな**ゆきんこ**。普段は目を合わせる度に足ダンをし合っていますが、外では大人しくなり、ふたりとも我先にわたしのひざに乗ってきて、降りようとしないんです(笑)。内弁慶なふたりがかわいくて仕方ありません！

紗貴さん

11

おやつを持っているときはわたしのひざの上に乗ってくるのに、くわえた瞬間遠いところに走り去っていく、うちのうさぎたち。3匹とも、うさぎらしいツンとした性格……と思いきや、寄りそってきてなでなでを催促したり、ゴロンしたりすることも。普段とのギャップが、たまらなく愛おしいんです♡

usagraphさん

3章

これだからうさぎ様には…

「敵わないなぁ」と笑ってしまう、
うさぎ様のオレ様&女王様な一面。
10のお言葉をありがたく拝聴しましょう。

31
うさぎの欲求
産みたい！食べたい!!

食べること、子孫を残すことは、どの動物にも備わった欲求です。このうち、うさぎは性へのこだわりがとくに強い動物。これには、自然界の立場が少なからず関係しています。

うさぎは「草食動物」で、自然界では肉食動物に狙われる、もっとも弱い立場の動物です。動物は、**自然界での立場が弱いほど、死んでしまう可能性が高いため、「子どもをできるだけ多く残したい！」と本能的に考える**ようになります。実際うさぎは、一年中発情しているオス、交尾をすればほぼ100％の確率で子どもを産めるメス……と、心身が〝子孫を残す〟ために進化しているといえるのです。

食へのこだわりも〝性〟への欲求に起因し、「栄養価の高いものを食べて、子孫を残したい」という気持ちからきています。「おいしいものが食べたい」「なわばりを守りたい」など、うさぎの欲求・要求は、もとを辿るとすべてが〝性〟と〝食〟によるもの。単なる「ワガママ」とあなどらないでくださいね。

譲るつもり、ないけどね！

うさぎは、いつだって100％全力で要求を通そうと向かってきます。たとえば、「ケージを咬めば出してもらえる！」と学習すれば、自分の歯のことなど気にせずにケージを咬み続けます。**先のことや自分へのダメージは考えず、要求を通すために全力を尽くす**のがうさぎという動物なのです。

うさぎの要求が受け入れ難い場合、こちらは120％の気持ちと覚悟で接しなければ、とうてい勝ち目はありません。

好きにさせてほしいな

小さな体とあどけない顔をもつうさぎですが、あなどることなかれ！　野生では、ひとりで過酷な環境を生き抜く強さをもっています。また、「子孫を残す」という本能をもつため、本来自立心が強い動物なんです。

愛くるしい姿を見ていると、ついあれこれ世話を焼きたくなりますが、「好きにさせて！」と怒られてしまう可能性大。**見守る姿勢で接することで、うさぎに余計なストレスがかからなくなりますよ。**

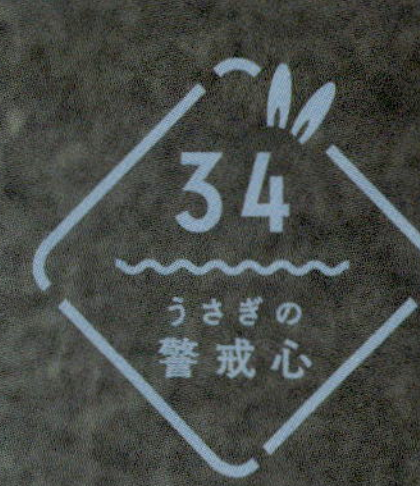

ビビりは正義！

ちょっとした物音にビクッ、見慣れないものは遠くからじーっと観察、目を開けたまま浅い眠りにつく……。そんなうさぎの行動を見て、「ビビりだね～」なんて言っているそこのあなた！　それは、褒め言葉と受けとっていいんですよね？

ビビりであることは、うさぎが生き抜くためには絶対必要なこと。警戒心をもたず、お腹を出してグーグー……なんてしていては、あっという間に肉食動物の餌食になってしまいますから。ビビりな子ほど、自然界では長く生き続けられる優秀なうさぎってことなんです。

　とはいえ、警戒心がゆるめで、聞き慣れない音などに動じないうさぎもいます。野生ではとうてい生きていけませんが、危険の少ない人間界においては、まったく問題なし！　むしろ、**環境に適応する力が高く、ストレスがかかりづらいタイプ**といえるでしょう。

信じていいのね!?

ウソついてない？

うさぎは身を守るために、聴覚、嗅覚、視覚をフルに活用して、つねに周囲を探っています。さらに、第六感も発達しているため、感覚面で、人間はうさぎには勝ち目がありません。

そんなうさぎ、とくに**「いつもと違う」ことへの感度は高め。**いつも通りでないと、生命の危機に及ぶこともあるから当然ですね。病院に行く日、普段通りにしているはずなのにバレてしまった、という経験がある人も多いのではないでしょうか？

……任せていいよね？

うさぎは持ち前の観察力で、「群れのリーダー＝飼い主さん」のこともよく見ています。リーダーがブレていたり感情的だったりして、「この人に命を預けられない！」と判断すると、**自分がリーダーになるべく、下剋上を起こす**ことが……！

うさぎがリーダーになると、抱っこや食事の管理をしようとしても、抵抗されがちに。また、うさぎがつねに気を張ることにもなるので、飼い主さんがリーダーとしての力をもっていることを示して、安心させてあげて。

まずは茎から、それとも穂から？

うさぎはとってもこだわり屋さん！　73ページで自立心があるとお伝えしましたが、したいことや好きなものは、基本的に自分で決めます。とくに、**食へのこだわりは相当なもの！**　牧草にしても、**味はもちろん、硬さやにおいにいたるまで、明確な好みがあります。**　なかには、同じメーカーの牧草でも、ロット*が変わると食べなくなる……といううさぎもいるほど。

さらにいえば、牧草は小さなフィーダーではなく、広めの器に入れて与えるのがおすすめ。「まずは茎、そのあと穂を……」など、うさぎは自分の好きな順番で食べようとするもの。広めの器に入れれば、好きな牧草から選んで食べることができます。「牧草を食べてくれない」とお悩みの方は、一度お試しあれ！

なお、味の好みは年齢を重ねると変わるもの。牧草、ペレットともに、食いつきが悪くなっていないかこまめに確認を。

*ロット……牧草地、製造が同一なもの。

38
うさぎの実力行使

うさパーンチ!!

こだわり屋のうさぎは、気に入らないことがあったり、思うような行動がとれなかったりすると、実力行使に出ることがあります。たとえば、ケージのレイアウトが気に入らなくてトイレを投げる、「これが食べたいんじゃない!」と食器を引っくり返す、なで方が気に入らなくて頭突きしたり、うさパンチを食らわせたりする……などです。

かわいい顔して激しいうさぎのギャップに、キュンとくる人も多いはず。とはいえ、許容しすぎるとワガママは助長するばかり。時には要求を飲まず、「NO」と伝えましょう。

捕まりたくない…！

うさぎは抱っこ嫌いが多いです。抱っこで愛情表現をする動物ではありませんし、そもそも**捕食される立場のうさぎにとって、「拘束=命の危機」**ですから、それも当然ですね。

とはいえ、抱っこが必要な機会は多いもの。メリットもなしにいやなことを強要するのは難しいので、「抱っこ=いいこと」と教えてみましょう。たとえば、「ケージから出るときは抱っこ」などを徹底すると、抱っこを苦だと思わなくなりますよ。

40
うさぎと
病院
苦手だけど
行かなきゃダメ？

動物病院が好き！　というウサギはごく少数派。抱っこも苦手なほど拘束されることを嫌ううさぎが、知らない環境に行き、見ず知らずの人に体をベタベタさわられ、場合によっては注射などで痛い思いもする……。病院嫌いになるのも当然ですね。

ですが、**体が小さいうさぎは、病気の進行が早く、発症からすぐに重篤な症状になることも珍しくありません。**また、野生では弱みを見せると敵に狙われやすくなることから、体調の悪さを隠す習性もあります。少しでも「おかしいな」と思ったら、素人判断はせず、直ちに動物病院を受診しましょう。

うさぎが気をつけたい病気

不正咬合（ふせいこうごう）

不正咬合とは、歯の咬み合わせが異常なこと。咬み合わせが悪いと、エサを食べづらくなったり、よだれが出たり、歯根膿瘍（しこんのうよう）の原因になったりします。繊維質の少ないエサばかりを食べる、高いところから落ちる、ケージをかじるなどが原因になりますので、注意しましょう。

消化管うっ滞

消化管の動きが悪くなり、食べものなどが胃腸に留まってしまう症状。処置しないと、食欲が低下したり、腹部にガスが溜まったりし、死に至ることも……。繊維質不足やストレス、異物を飲みこむことが原因に。

牧草はたっぷり食べよ～

スナッフル

鼻水やくしゃみなど、副鼻腔（ふくびくう）（鼻腔周辺の骨にある空洞）に症状が出る病気の総称。うさぎの場合、パスツレラ細菌の感染によって引き起こされることが多いです。

ソアホック

太りすぎ、ツメの伸びすぎ、先天的に足の裏の被毛が短いことなどが原因で、足の裏に皮膚炎が起きる症状です。足底皮膚炎（そくていひふえん）などとも呼ばれます。

斜頸（しゃけい）

首が傾いてしまう症状のこと。進行すると、旋回や体のコントロール不能に陥ります。神経系の病気で、細菌感染などが原因になることが多いです。

教えて!

うさぎと心を通わせるための3か条

うさぎの気持ちを理解し、信頼してもらうための3つのコツをご紹介します。

うさぎは自分の気持ちを表現する動物!

うさぎは群れで生活する動物。仲間同士で接することが少ないとはいえ、群れで円滑に暮らすには、コミュニケーションをとる必要があります。

人間と暮らすうさぎも、仲間である飼い主に、あらゆる気持ちを伝えようとします。1～4を観察してうさぎの気持ちを読みとりましょう。そして受けとったら、「伝わっているよ」と返事をしてくださいね。

一方通行だと悲しくなっちゃう…

その1 全身を観察して気持ちを読みとろう

気持ちを知るにはどこを見ればいい?

1

表情

目を細めているときは、リラックス度が高めです。耳は、興味をもっている方向に動くので、うさぎの関心がどこを向いているかがわかります。鼻は、激しく動いているときほど警戒しているサイン!

姿勢

うさぎは鳴かない分、全身を使って感情を表現します。とくに注目してチェックしたいのが、寝ているときの姿勢。すぐには動けない姿勢で寝ているほど、周囲に危険はないと判断し、リラックスしている証拠です。

3

しぐさ

うさぎのしぐさは、楽しくてとび跳ねたり、気に入らないときに食器を引っくり返したりと、わかりやすいものが多いです。前後の状況や、うさぎの表情などと合わせれば、気持ちをきちんと理解できるはず!

行動

ペットうさぎには、ルーツであるアナウサギの習性が色濃く残っています。代表例が、穴掘り(50ページ)やかじる(54ページ)などです。うさぎの本能や習性を知ると、行動の理由を理解できますよ。

転位行動の例を見てみよう

牧草を咬み切る

牧草を前歯で咬み切って落とす行動をくり返すのは、イライラしているとき。ケージの掃除中など、なわばりを侵されていると感じているときなどに見られます。

毛づくろいする

緊張しているときや、びっくりしたときなど、ストレスを感じているときに、忙しなく毛づくろいをすることも。

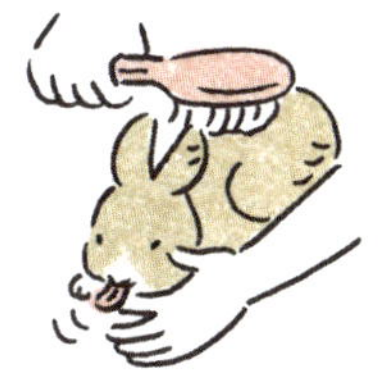

ものをなめる

ブラッシング中にペロペロなめてくるのは、「もう限界!」の訴えかも。反対に、「お返しだよ♡」と逆の意味の可能性もあります。

穴を掘る

ブラッシングやつめ切りなど、いやなことをされたときに「もういやだ!」と飼い主の服を掘ることがあります。

一見なぞの行動に見えるかも!?

高ぶった気持ちを落ちつける〝第三の行動〟

転位行動とは、動物が気持ちを落ちつけるために行う、まったく別の行動のこと。「カーミングシグナル」とも呼ばれます。人間が失敗したときに頭をかいたり、やけ食いしたりするのも、転位行動の一種。うさぎの気持ちが高ぶっているときに見られるものなので、サインをしっかり受けとって対応してください。

転位行動は、ストレスで「どうしよう!?」というときのほか、嬉しくて大はしゃぎしたいときにも見られます。前後の状況を判断しながら、転位行動がもつうさぎの本当の気持ちを読み解けるようになりましょう。

その3 距離感を大切にしよう

うさぎと心を通わせるために大切なのは、ある程度の〝距離感〟を保って接することです。

何度かお話ししましたが、うさぎは野生の心が強く、自立心が強い動物。もちろん個体差はありますが、パーソナルスペースが広く、べったりしたつき合いはちょっぴり苦手な一面があります。うさぎを大切に思うあまり、一挙一動をじっくり観察……なんてことを続けていては、息が詰まって仕方がありません。

うさぎと接するときは、〝適度な〟距離感を意識してみましょう。うさぎの気持ちをきちんと理解しながら、普段はある程度は自由にさせてあげる……。そんな風に接していけば、うさぎはあなたの側にいると、「居心地がいいな」と思ってくれますよ！

べったりしたつき合いは疲れちゃう…

3か条のうち、その1とその2では、うさぎの気持ちを理解するためのコツを紹介しました。さらに一歩踏みこんで、

＼野生の心（キリッ）／

＼くっつきたいときは、うさぎから側に寄っていくものだよ／

4章

うさぎ様の社交術

うさぎならではのコミュニケーション法を、
10のお言葉とともに紹介。
うさぎと仲よくなりたい人はご一読を！

パーソナルスペースは守りたい派

うさぎは群れをつくって暮らす社会性のある動物ですが、一方で「なわばり意識」が強くもあります。これには、群れの形態が大きく関係しています。

うさぎの群れは、いくつもの巣穴がつながった「ワレン」という生息地に、1〜3匹の大人のオスと、1〜5匹の大人のメスが暮らすというもの。**全員が個別のなわばりをもち、さらにオスとメスは、それぞれ順位が決まっています。**順位が高い個体ほど、危険性が少なく、食べものが多いエリアをなわばりにできるメリットがあるのです。

ですから、同じ群れの仲間であっても、平時は接触しません。「複数飼育が難しい」といわれるのはこのためで、**自分のパーソナルスペース**（なわばり）**を侵されることに、強い抵抗を感じるのです。**仲間や家族との関係も、同じように群れをつくる犬やインコにくらべると、非常にあっさりしています。

お付き合いも におい嗅ぎから

「既視感のあるお言葉だな」と思われた方、冒頭から順番に読んでくださっているのですね。44ページで、うさぎの情報収集は「まずはにおい嗅ぎから」はじまる、と紹介しましたが、うさぎ同士のお付き合いもまた、におい嗅ぎからスタートします。

　具体的には、相手のお尻のにおいを嗅ぎます。これは、うさぎの**肛門付近にある「鼠径腺」という臭腺から出るにおいに、うさぎの個人(?)情報がギュッと詰まっているから。**

　人間の名刺交換のように、まずお尻のにおいを嗅ぎ合って相手の情報をチェック！　そこから、繁殖の相手になるのか、気が合いそうか、自分とどちらが強いかなどを見極め、今後の接し方の判断材料にしていくのです。

　なかには、お尻のにおいを嗅いだかと思えば、いきなりマウンティング（92ページ）をはじめるうさぎも！　異性間で交尾が成功するとほぼ100%妊娠するので、避妊・去勢をしておらず、妊娠を望んでいないなら、初対面のうさぎとは接触させないほうがよいでしょう。

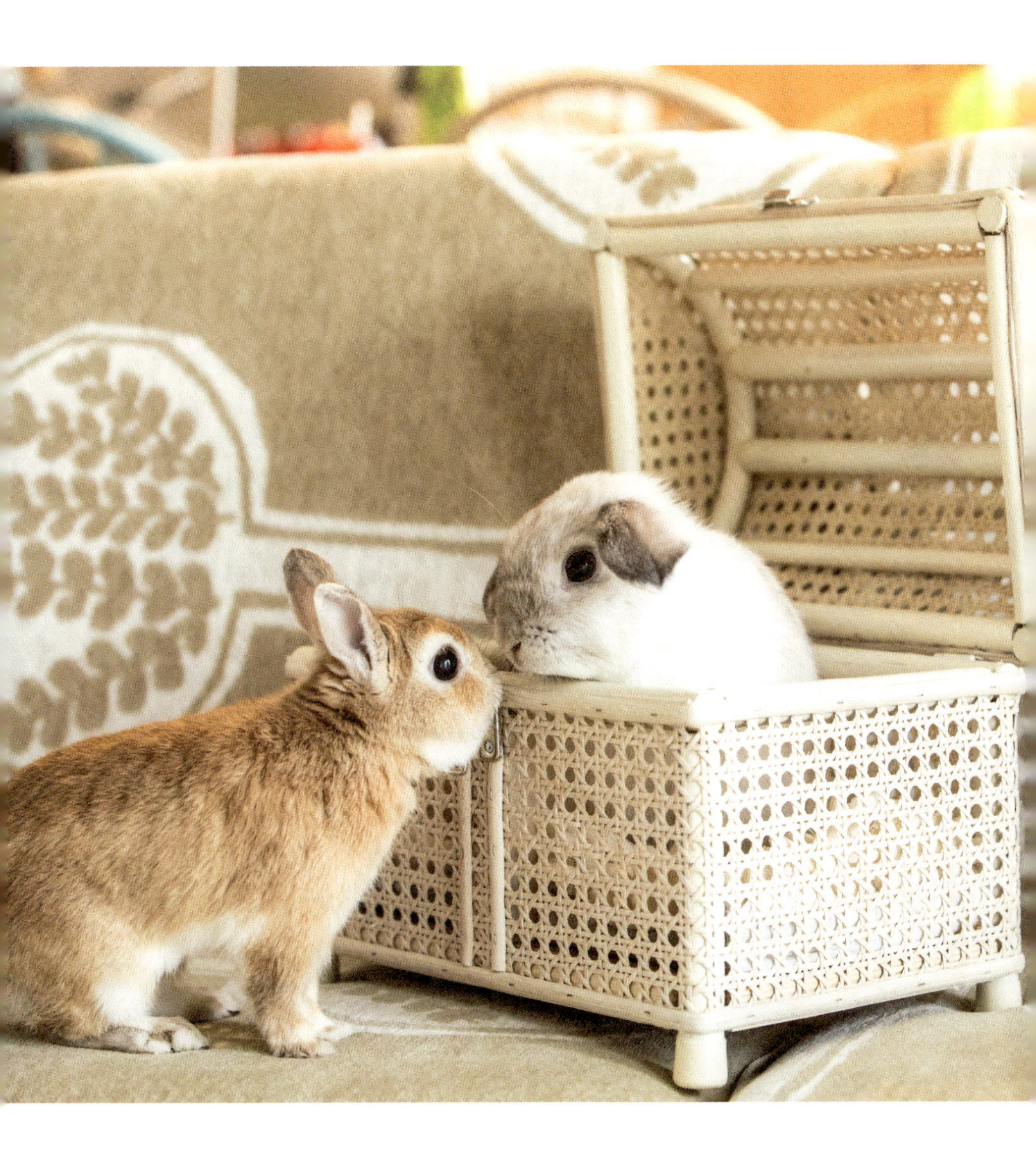

ラブ♡♡♡…とは、限らない？

ほかのうさぎや、人の腕や足、お気に入りのぬいぐるみなどに腰をカクカク振る……。これは「マウンティング」と呼ばれる、生殖行動のひとつです。

もちろん**「生殖行動＝愛が高じて」というのも、大きな理由のひとつ。**異性のうさぎ同士なら「大好き！　子どもをつくろう♡」という愛情表現ですし、人の手にカクカクするのも、好きという気持ちが高まっている可能性が高いでしょう。

ですが**マウンティングは、上下関係を示す行動でもあります。**同性のうさぎ相手に行うなら、「自分のほうが上！」という意思表示かも。さらに、**興奮した際、高ぶった気分を発散するために行うこともあります。**ぬいぐるみなど、物に対してする場合は、この可能性が高そう。うさぎ相手、人相手に頻繁にする場合は制止したほうがよいでしょう。

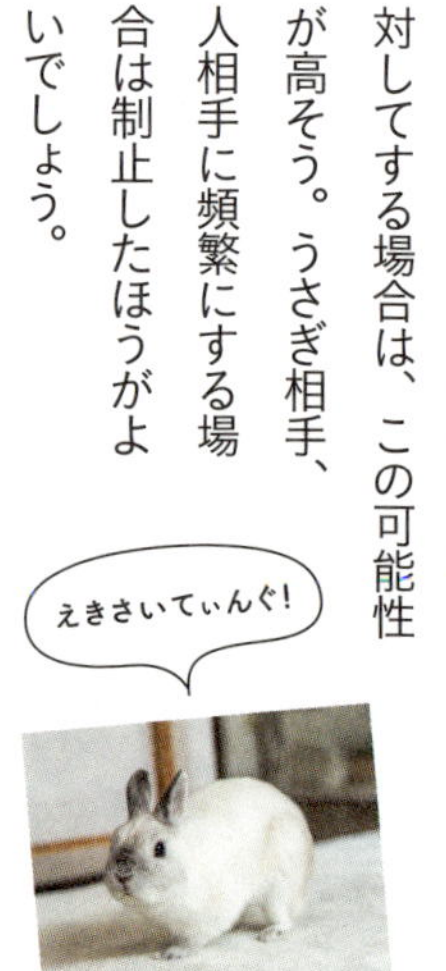

人の**足もとをグルグル回ったり、8の字をえがくように走ったりするのは、うさぎのアピール**です。もともとは、オスがメスに求愛するときに、「こっちを見てよ!」とアピールするための行動。さらに気分が高まると、オシッコをかけてくることも! うさぎの愛の表現ですが、興奮しすぎて自分をコントロールできなくなることもあるので、一度ケージに戻すなどして、クールダウンさせたほうがよさそう。

もしくは、**単にテンションが高いだけかも。**ケージから出られたときなどに行うなら、「やった!」と喜びの表れです。

くっつきたい！

88ページでは「パーソナルスペースが広め」とお伝えしましたが、仲のよいうさぎ同士や、大好きな人が相手なら話は別！本来うさぎには、何かに寄りかかると安心する習性（42ページ）があります。子うさぎのときはとくに顕著で、**仲間のうさぎ同士、隅でくっつき合っていると、安心感を覚える**よう。

ケージから出たうさぎが側に寄りそっているなら、あなたの近くが安心するのでしょう。のんびりお過ごしくださいね♡

あの子のにおいで元気になれる!

うさぎは「種を繋ぐ」という潜在意識が高く、繁殖欲求がとても強い動物。とくに、未去勢・未避妊のうさぎはこの傾向が強くなります。そのため、**異性のうさぎに会うと気持ちがシャキッとする**よう！「あの子にアピールしなきゃ」と、活力がみなぎるのです。なお、直接会えなくても、においを嗅いだだけで、心に張りが出ます。

このことは、うさぎの元気がないときなどに、気をそらすのに役立ちます。人も、体調が悪いときにひとりでいると、痛みや不快感を意識しすぎてどんどん具合が悪くなりますよね？反対に、必死に仕事をしていたら、体調が悪いことを忘れていた……なんて経験がある人も多いのではないでしょうか。これ、じつはうさぎもいっしょ。**異性のにおいを使って繁殖欲求のスイッチを入れることで、「のんびりしている暇なんてない！」と、気持ちが元気になるんです。**異性のにおいが難しい場合は、同性のにおいでもOK！　なわばりに入ってきたライバルのにおいを消すために、シャカリキになりますよ。

避妊・去勢をしていない子のほうが効果は高いですが、手術済みのうさぎでも、ある程度の効果は得られます。

異性のにおいを活用しよう

ほかのうさぎに直接会わせるのがベスト。難しい場合は、タオルなどににおいをつけて、それを持ち帰って嗅がせても効果があります。

なめるのは親愛の証♡

うさぎ同士の愛情表現の方法に、毛づくろいがあります。**ほかのうさぎの被毛をペロペロとなめて、「大好きだよ♡」と親愛の気持ちをこめる**のです。そんなとき、毛づくろいをされているうさぎの表情もうっとりしていて、見るからにラブラブなことがわかるはず。

ということで、人をペロペロなめるのも、親愛の表現と考えてOK！　なかには、人の髪を

毛に見立てて、なめたりかじったりするうさぎもいます。なでた後に「お返し！」とばかりに手をなめる子もいますが、「もっとなでて〜！」というおねだりの可能性も！　ただし、ブラッシングの最中になめてくるのは、「我慢の限界！」というサイン。その場合、体や顔も強張っているはずですから、見極めてくださいね。

ところで、**ほかのうさぎに対して頻繁に毛づくろいする子は、お世話好きな性格**なのかも。人の手をなめるのも、「あなたのお世話をしてあげるね♪」と、世話を焼いている可能性大です！

咬ませないでね

とがったツメをもたないうさぎにとって、**唯一の武器といえるのが、鋭い歯で咬みつくこと**です。発情中に興奮して、見境なく咬んでしまうことはありますが、多くはうさぎにとって、何か「咬む理由」があるもの。いくつか挙げてみましょう。

① 不快なことがある場合

なでていたら咬みつかれた、という場合は、この可能性が高いです。なで方が気に入らないか、なでている最中に別の動物のにおいが漂ってきた可能性も。

② 恐怖を感じている場合

「これ以上踏みこまれたら危険だ！」と考えて咬むパターン。自分の身を守ろうとしています。

③ なわばりを守りたい場合

ケージの中に手を入れようとしたときに咬むのは、「入ってくるな！」という牽制。なわばり意識が強いうさぎならではの理由ですね。

④ 逆ギレしている場合

いたずらを叱ったときなどに咬むのは、〝逆ギレ〟です。自分をリーダーだと思っていて、「反抗するんじゃない！」とたしなめているつもりかも……。

離れたところから牧草を食べずに咬み切りながらにらんでくる、ダッシュでかけ寄って来て手前で止まるなどの行動が見られたら、咬む前のサイン。手を出さないほうがよいでしょう。

49
うさぎの
スキンシップ

今、なでて！

抱っこは苦手なうさぎが多いですが、なでなでは別！　毛づくろいで親愛の気持ちを伝えることからもわかるように、**うさぎはふれ合いでコミュニケーションをとる動物**です。

とくに、背中や額、お尻をなでると喜ぶうさぎが多いです。足やしっぽ、耳、お腹は、さわられるのをいやがる子が多いので、グルーミングなどの理由があるとき以外はふれないようにしましょう。なお、**さわるときにフワフワと表面をなでると、うさぎの気持ちが落ちつかなくなります。**〝じっかりめ〟を意識してなでましょう。目を細めたり、ショリショリと歯ぎしりの音が聞こえたりするなら、うさぎが気持ちいいと感じてくれている証拠です！

こちらに向かって頭を下げたり、いつもなでてもらっている場所で待機したりするのは、「早くなでて！」というアピール。なかには、手の下に頭をグイグイねじこんでくる子もいます。そんなときは、ぜひうさぎの期待に応えてあげてくださいね。

50
うさぎと
あなた

はいはい、ぼくも好きだよ

さて、うさぎの本質が読みとれる50のお言葉も、いよいよラストです。ここまで読んできて、うさぎについてどんな印象をもたれましたか?

ぬいぐるみのように愛くるしい顔をしながら、野生の心をもち、意外にワイルド。無表情に見えて感情表現が豊かで、いやなものは全力で「NO」と拒否。そんな強い意志をもつのに、ビビりな一面があったり、体調が悪いのを隠してしまったり……。うさぎを愛する人は、そんなうさぎの〝ギャップ〟に、「敵わないな～♡」なんてノックアウトされてしまうのでしょう。

自立心はありますが、うさぎは社会性がある動物です。**警戒心が強いぶん、自分の目で見極めて、「この人といると安心できる!」と判断すれば、溢れんばかりの愛を表現してくれます。**うさぎの本質を心に留めながら、愛するうさぎ様と接していってくださいね。

RABBIT CHART

チャートで診断！

もしもうさぎが童話のキャラだったら？

愛うさぎや知り合いのうさぎが、もし童話の世界の住人だったら？どんなキャラクターが適役か、診断してみましょう！

YES？それともNO？

正直に答えてね！

[← YES ← NO]

START

トイレは決まった場所でする

食事の好みがはっきりしている

足ダンをすることが多い気がする

ケージから出るとまずこちらに寄ってくる

家の外でも落ちついていられる

横になって眠る姿を見せてくれる

高い場所にのぼることが多い

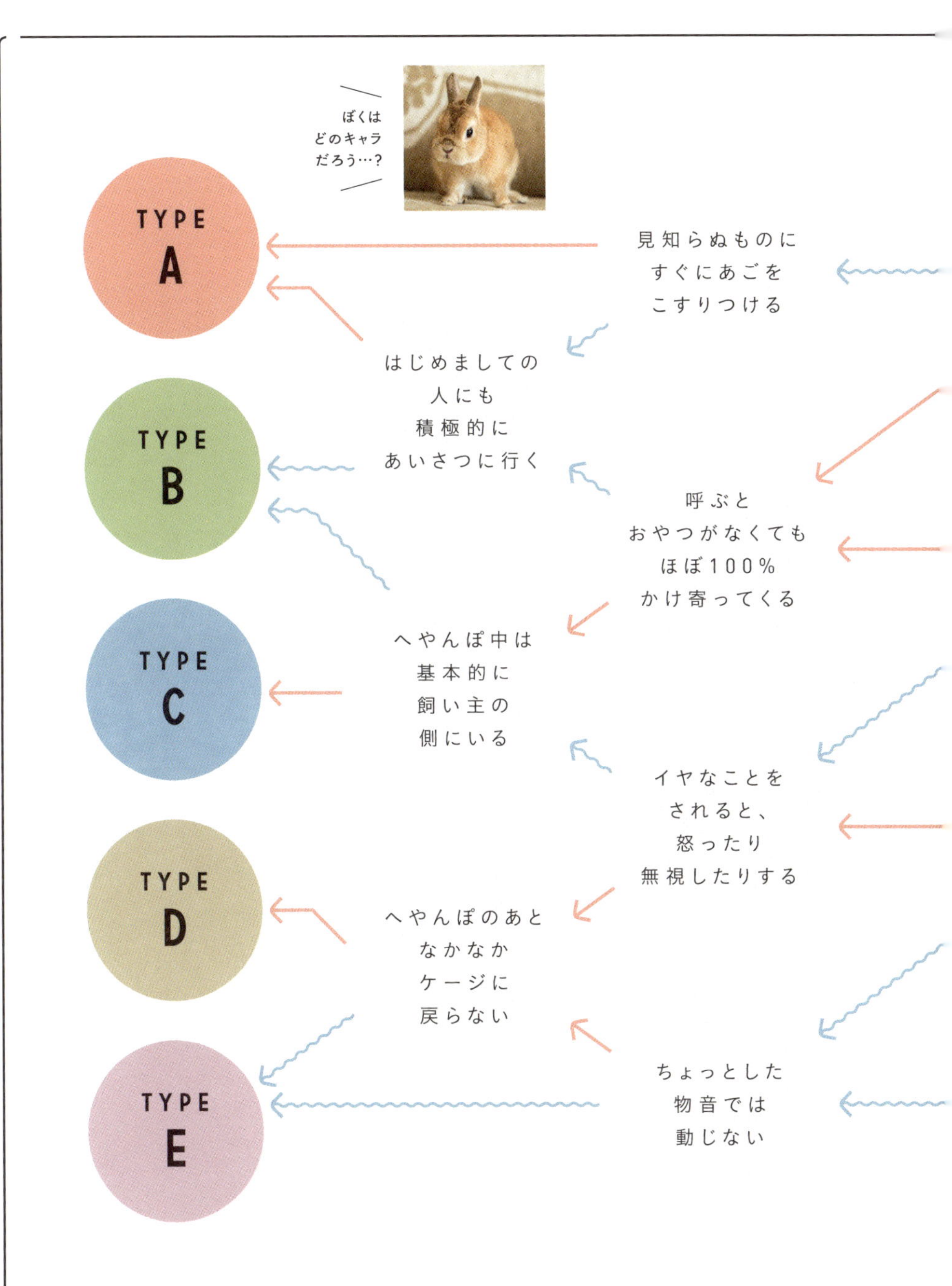
ぼくは
どのキャラ
だろう…？
TYPE A
TYPE B
TYPE C
TYPE D
TYPE E
見知らぬものに
すぐにあごを
こすりつける
はじめましての
人にも
積極的に
あいさつに行く
呼ぶと
おやつがなくても
ほぼ100%
かけ寄ってくる
へやんぽ中は
基本的に
飼い主の
側にいる
イヤなことを
されると、
怒ったり
無視したりする
へやんぽのあと
なかなか
ケージに
戻らない
ちょっとした
物音では
動じない

＼ 診断結果をチェックしよう ／

うさぎが童話の世界の住人なら こんなキャラに！？

A

好奇心のかたまり！？

『不思議の国のアリス』のアリス

　気になるものがあったら、「じっとしてね」の言葉もおかまいなしの、マイペースで好奇心が旺盛なタイプ！　童話の世界なら、『不思議の国のアリス』のアリスといったところ。何にでも、だれにでも興味を示すので、飼い主さんとしてはちょっぴりさみしい……！？

 マロン ＆  もちすけはこのタイプ！

B

ちょっぴりツンデレ！？

『ピーター・パン』シリーズのティンカーベル

　ツンデレを地でいく性格で、自分が認めた人にはデレるけど、初対面の人には「邪魔すんな！」とツンツン。愛情も嫉妬も海のように(?)深いこのタイプは、『ピーター・パン』シリーズのティンカーベルがマッチ！　自分だけに向けられるデレに、メロメロになる人も多そうです。

 ふぇんはこのタイプ！

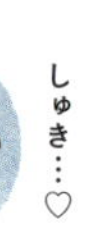

C さみしがりでかまってちゃん!?
『ピノッキオの冒険』のピノッキオ

かまってほしい気持ちを、ワガママやイタズラに変えてしまう……。童話のキャラなら、『ピノッキオの冒険』のピノッキオといったところ。健気な振る舞いに、「わたし、愛されてる〜」とときめいちゃいますね♡　ただし、甘やかしすぎるとひとりぼっちが苦手になってしまうかも。

D 世界の頂点は、このわたし…!?
『竹取物語』のかぐや姫

自由奔放で、ちょっぴりワガママ。「頼みがあるなら、何かよこしなさいよ!」とお姫様を地でいく様は、『竹取物語』のかぐや姫がぴったり!　なわばり意識が強い子が多く、自分がリーダーだと認識していそうです。こうなってくると、飼い主さんは“家来”に徹するしかないかも!?

 **とろ**&  **ぽわいてぃ**はこのタイプ!

E 怖がりだけど、心やさしい!?
『オズの魔法使い』のライオン

警戒心が強いうさぎのなかでも、ひと際ビビりで怖がりな性格。童話のキャラなら、『オズの魔法使い』のライオンといったところです。外出が負担になる子が多く、人に心を許すのに時間がかかりますが、心やさしい性格なので、信頼関係を築けば最高のパートナーになりますよ!

 **モキュ**はこのタイプ!

この本では、うさぎたちの写真とともに、
「うさぎ様からうさぎ心酔者へおくる50のお言葉」をご紹介しました。

本書のタイトルは、『うさぎ様には敵わない』。
じつは、このタイトルは本来、
『うさぎ様の○○には敵わない』としたかったのです。
でも、「かわいらしさ」「愛らしさ」「ツンデレ」
「ワイルドさ」「ギャップ」「気の強さ」「ちょっぴりマヌケなところ」
などなど、当てはまるものが多すぎて、省略せざるを得ませんでした。

本書を読んだみなさんも、うさぎのいろいろな面を知って、
「やっぱり敵わないなぁ……」と実感されたのではないでしょうか?

ここで紹介したお言葉は、うさぎからのメッセージです。
もしかすると、あなたの側にいるうさぎには、
言い足りないことや、「自分こうなの!」という主張があるかもしれません。
51番目のそのお言葉は、信頼するあなただけに教えてくれた
うさぎからのメッセージ。大切に胸にしまってくださいね。

SPECIAL THANKS!

本書を制作するにあたり、多くのうさぎ&うさ飼い様にご協力いただきました。【敬称略、順不同】

とろ
@toronouchi

モキュ
@moqsama
web http://r.goope.jp/moqsama/

マロン、もちすけ
@maron20111225

ぽわいてぃファミリー
@mapi.ponyo.porun
@m.p.p.powhity

ふぇん
@phoen428

小梅
@koume_tan

こはる
@koharupyon

ナシロ、ケイト
@nashiro_kate

プーチン、マーチン、ミーチャ
@usagraph

まり坊、ゆきんこ
@maribowstagram

るーちぇ、りあん　ほか
@lure_78

監修　中山ますみ

東京都杉並区のうさぎ専門店「らびっとわぁるど」オーナー。1級愛玩動物飼養管理士、うさぎ飼育トレーナー、ケアアドバイザー、ホリスティックケア・カウンセラー。オーストラリア留学中に生物学などを専攻し、帰国後も野生動物の生活や行動を学ぶ。『うさ語レッスン帖』(大泉書店)など書籍の監修や、うさぎ専門誌での執筆、うさぎの飼育に関するセミナーの主催などを行う。

STAFF

デザイン・DTP	細山田デザイン事務所（室田 潤）
写真	木村文平（文平写真事務所）
イラスト	鈴木衣津子
編集協力	株式会社スリーシーズン（朽木 彩）

うさぎ様には敵わない

2018年11月15日　第3刷発行

監修者	中山ますみ
発行者	佐藤龍夫
発行所	株式会社大泉書店 〒162-0805　東京都新宿区矢来町27 電話　03-3260-4001（代表） FAX　03-3260-4074 振替　00140-7-1742 URL　http://www.oizumishoten.co.jp/
印刷所	半七写真印刷工業株式会社
製本所	株式会社明光社

ISBN978-4-278-03916-0 C0076